BEI GRIN MACHT SICH IHR WISSEN BEZAHLT

- Wir veröffentlichen Ihre Hausarbeit, Bachelor- und Masterarbeit

- Ihr eigenes eBook und Buch - weltweit in allen wichtigen Shops

- Verdienen Sie an jedem Verkauf

Jetzt bei www.GRIN.com hochladen und kostenlos publizieren

Bibliografische Information der Deutschen Nationalbibliothek:

Die Deutsche Bibliothek verzeichnet diese Publikation in der Deutschen National-
bibliografie; detaillierte bibliografische Daten sind im Internet über http://dnb.d-
nb.de/ abrufbar.

Impressum:

Copyright © 2015 GRIN Verlag, Open Publishing GmbH
Druck und Bindung: Books on Demand GmbH, Norderstedt Germany
ISBN: 9783668249592

Dieses Buch bei GRIN:

http://www.grin.com/de/e-book/335120/die-globale-verfuegbarkeit-von-energeti-
schen-und-nicht-energetischen-rohstoffen

Marina Hauth

Aus der Reihe: e-fellows.net stipendiaten-wissen

e-fellows.net (Hrsg.)

Band 1905

Die globale Verfügbarkeit von energetischen und nicht-energetischen Rohstoffen

Fallbeispiele Erdöl und Seltene Erden

GRIN Verlag

Universität Augsburg

Fakultät für Angewandte Informatik

Institut für Geographie

Globale Verfügbarkeit von energetischen und nicht-energetischen Rohstoffen am Beispiel von Erdöl und Seltenen Erden

Proseminar zur Vorlesung Humangeographie 1 (WS 2015/16)

Hauth, Marina

Geographie, 1. Semester

Deutsch als Zweit- und Fremdsprache / Geographie (Nebenfach)

Abgabetermin: 08.12.2015

Inhaltsverzeichnis

Abbildungsverzeichnis

Tabellenverzeichnis

1 Bedeutung der erschöpflichen Rohstoffe für das alltägliche Leben

Rohstoffe sind von essentieller Bedeutung für eine funktionierende Wirtschaft und erforderliche Voraussetzung für den modernen Lebensstandard. Während das Problem der Knappheit erschöpflicher Ressourcen in der Öffentlichkeit breit diskutiert wird, sollten die Überlegungen aber nicht damit enden, dass in Zukunft Alternativen zu Benzin und Diesel von Nöten sind. Insbesondere der fossile Brennstoff Erdöl begegnet dem Menschen in weit vielfältigerer Weise in der persönlichen Umgebung. Von Fußbodenbelägen und Fensterrahmen über einen Großteil der Kleidungsstücke bis hin zu Kosmetika, Kerzen und sogar Lebensmitteln enthalten beinahe alle Produkte, die fester Bestandteil des alltäglichen Lebens sind, Erdöl (Dombrowski 2015, S. 52). Allerdings sind nicht nur fossile Rohstoffe nicht mehr aus dem Leben im 21. Jahrhundert wegzudenken. Auch mineralischen Rohstoffe wie die sogenannten Seltenen Erden sind für viele Menschen dieser Generation unentbehrlich; sind sie doch entscheidende Bestandteile von Produkten der Hochtechnologie wie z.B. MP3-Playern und Plasmabildschirmen. Da sie auch in Hybrid-Fahrzeugen, Windturbinen und Brennstoffzellen Verwendung finden, spielen sie darüber hinaus für umweltschonende Zukunftstechnologien eine erhebliche Rolle (Fraedrich 2013b, S. 45).

Es ist folglich unerlässlich, sich mit der derzeitigen Verfügbarkeit und gegebenenfalls Endlichkeit von Rohstoffen auseinander zu setzen, was Thema dieser Arbeit ist. Schließlich macht fundiertes Wissen über das Gesamtpotential eines Rohstoffs und seine Verteilung es erst möglich - aber auch notwendig -, Konsequenzen für eine nachhaltige Rohstoffpolitik und sinnvolles Ressourcenmanagement zu ziehen. Zudem stellt es eine notwendige Grundlage für das Verständnis zahlreicher wirtschaftlicher und politischer Entwicklungen in der Gegenwart und Zukunft dar.

2 Globale Verfügbarkeit von energetischen und nicht-energetischen Rohstoffen am Beispiel von Erdöl und Seltenen Erden

Der Kompaktheit halber werden Erdöl und Seltene Erden exemplarisch und stellvertretend für energetische und nicht-energetische Rohstoffe betrachtet. Zugrunde gelegt werden diesen Untersuchungen notwendige Definitionen und Klassifikationen im Bereich der Rohstoff- und Vorratsthematik sowie ein allgemeiner Überblick der globalen Verfügbarkeit von Rohstoffen. Zuletzt soll noch ein Zusammenhang zwischen Rohstoffknappheit bzw. -Reichtum und politischen Konflikten hergestellt werden.

2.1 Grundlegende Definitionen und Klassifikationen

Bei der Diskussion über Rohstoffe begegnen einem zahlreiche Begriffe, die im Volks-
mund zum Teil äquivalent gebraucht werden. Für eine exakte Betrachtung der Verfügbarkeit ist es aber absolut notwendig, die einzelnen fachwissenschaftlichen Bezeichnun-
gen wie Reserven, Ressourcen und Vorkommen zu differenzieren und Klassifizierungs-
möglichkeiten von Rohstoffen vorzustellen.

2.1.1 Begrifflichkeit der Rohstoffe und ihre Systematik

Unter einem Rohstoff versteht man eine *„in den Produktionsprozess eingehende
Grundsubstanz, die bis dahin weder aufbereitet noch verarbeitet ist."* (Leser 2011, S.
781). Diese Grundsubstanzen können sowohl tierischen, pflanzlichen, als auch mineralischen oder chemischen Ursprungs sein und machen damit den wesentlichen Teil der
Georessourcen aus. Georessourcen, auch natürliche Ressourcen genannt, meinen dabei
alle Naturgüter, die der Mensch für sich nutzbar machen kann und die für seine Existenz
eine wichtige Rolle spielen. Neben Rohstoffen zählen hierzu beispielsweise auch saube-
re Luft und Fläche (Gebhardt et al. 2011, S. 1280).

Es gibt zahlreiche Möglichkeiten, Rohstoffe zu klassifizieren. Die gängigste Variante ist
dabei die Unterteilung in nicht-regenerierbare (erschöpfliche) und regenerierbare (nach-
wachsende) Rohstoffe, wie sie in Abb. 1 zu sehen ist.

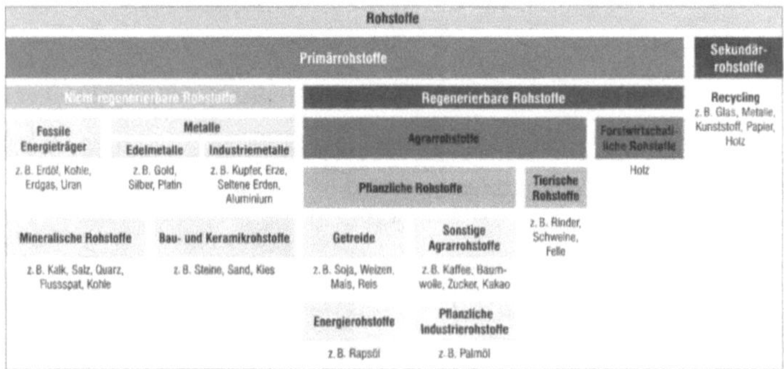

Abbildung 1: Systematik der Rohstoffe
Quelle: Fraedrich 2013a, S. 4.

Besonders in der Debatte um Rohstoffknappheit werden diese zwei Kategorien gegen-
über gestellt. Zu den nicht-regenerierbaren Rohstoffen zählen unter anderem die fossilen
Brennstoffe (Erdöl, Erdgas, Kohle) und Kernbrennstoffe (Uran, Thorium), die zusammen-
fassend als Energierohstoffe bzw. energetische Rohstoffe bezeichnet werden, da sie im
Wesentlichen zur Energiegewinnung genutzt werden (Leser 2011, S. 202). Zwar kann
auch aus nachwachsenden Rohstoffen Energie gewonnen werden (z.B. Holz, Pflanzen-
öle), jedoch nehmen diese zusammen mit weiteren Formen regenerativer Energie mit nur
ca. 9% (2013) einen verschwindend geringen Anteil am globalen Gesamtenergiever-

brauch ein (BGR 2014a, S. 16). Bei den nicht-energetischen Rohstoffen stehen Mineralien, Metalle sowie Steine und Erden im Fokus der Betrachtung. Die Seltenen Erden (SEE für Seltenerdelemente; engl. REE für Rare Earth Elements), auf die später detaillierter eingegangen wird, sind dabei der Gruppe der Metalle zuzuordnen und nicht – wie der Name vermuten lässt -, den Steinen und Erden (Kausch et al. 2014, S. 97).

2.1.2 Vorratsdefinitionen für erschöpfliche Rohstoffe

Beschäftigt man sich nun mit der Verfügbarkeit von nicht-regenerierbaren Rohstoffen, sind folgende Begriffe voneinander zu differenzieren.

Natürliche Anreicherungen von Rohstoffen werden allgemein Rohstoffvorkommen genannt, im Kontext von Bodenschätzen Lagerstätten. Man unterscheidet sie in Ressourcen und Reserven (Leser 2011, S. 782). Ressourcen im engeren Sinne bezeichnen *„diejenigen Mengen eines Rohstoffs, die real vorhanden sind (weil sie bereits nachgewiesen wurden), deren Gewinnung jedoch gegenwärtig wirtschaftlich oder technologisch noch nicht erfolgt."* (Fraedrich 2013a, S. 2). Rohstoffreserven sind im Gegensatz dazu der Anteil an Rohstoffressourcen, der derzeit schon ökonomisch abbaubar ist (Leser 2011, S. 770). Diese Unterscheidung ist insofern wichtig, da Rohstoffe zwar häufig große Ressourcen aufweisen, aber der Teil der tatsächlich nutzbaren Reserven wesentlich geringer ist. Für die Gegenwart spielt jedoch eben diese kleinste Kategorie die größte Rolle (Haggett et al. 2004, S. 315).

2.2 Gesamtüberblick der globalen Verfügbarkeit von Rohstoffen

Was die Rohstoffverteilung und –verfügbarkeit angeht, muss an erster Stelle festgehalten werden, dass es rohstoffreiche und rohstoffarme Regionen gibt. Der Großteil der Rohstoffe bildet sich über einen sehr langen Zeitraum hinweg in der Erdkruste. Ihre Verteilung ist somit an geologische Rahmenbedingungen und erdgeschichtliche Entwicklungen geknüpft (Fraedrich 2013a, S. 2f). Um einen groben Überblick zu gewinnen, sollen zunächst Energierohstoffe und anschließend metallische Rohstoffe und Industriemineralien betrachtet werden.

Abbildung 2 zeigt das Gesamtpotenzial, also die Summe aus bisher geförderter Menge (kumulierte Förderung), Reserven und Ressourcen, aller Energierohstoffe weltweit mit Stand 2013. Es ist erkennbar, dass die Ressourcen dabei den weitaus größten Teil ausmachen, etwa das 15-fache der Reserven (BGR 2014a, S. 9). Während die größten Ressourcen in Australien und Nordamerika zu finden sind, kann der Nahe Osten mit Abstand den größten prozentualen Anteil an Reserven im Vergleich zu den Ressourcen verzeichnen.

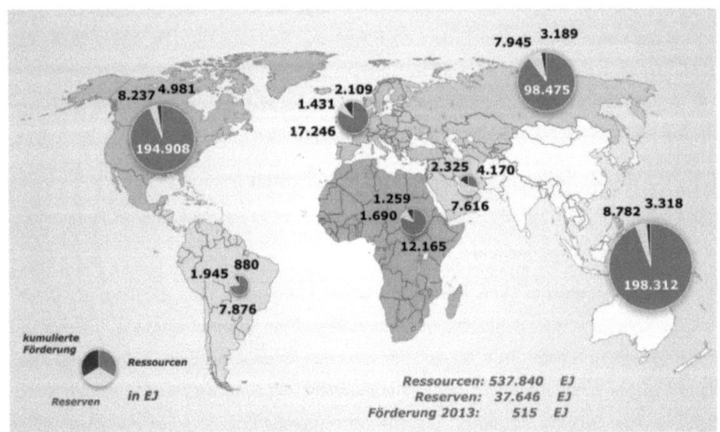

**Abbildung 2: Gesamtpotenzial der Energierohstoffe 2013 - Regionale Vertei-
lung (ohne Kohleressourcen der Antarktis sowie ohne Ressourcen von Ölschiefern, Aquifergas und Erdgas aus Gashydrat und Thorium.**

Quelle: BGR 2014a, S. 10.

Bei der Verteilung der metallischen und mineralischen Rohstoffe lässt sich eine andere
Akzentuierung beobachten (vgl. Abb. 3). Mit einer großen Menge an Reserven stechen
vor allem China, Australien und Brasilien hervor, während der Nahe Osten dagegen
kaum Reserven aufzuweisen vermag.

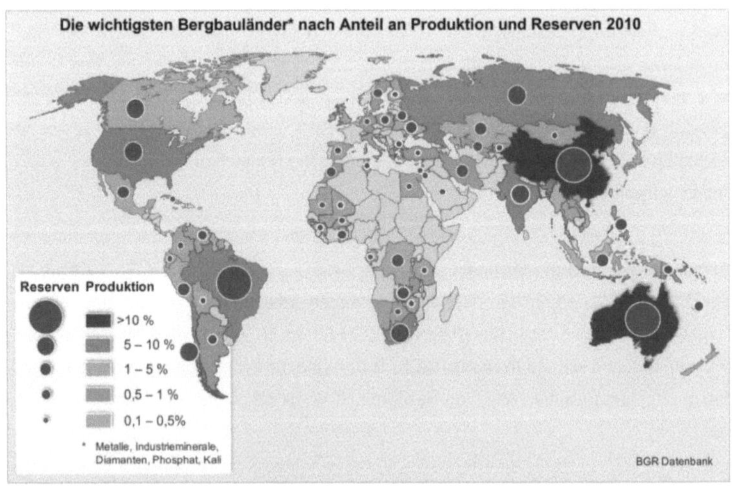

**Abbildung 3: Anteil an der Bergwerksproduktion und den Reserven aller
Länder mit einem Anteil von > 0,1 % der jeweiligen Kategorie, 2010.**

Quelle: Drobe, Killiches 2014, S. 15.

Insgesamt bewertet die Bundesanstalt für Geowissenschaften und Rohstoffe, kurz BGR, die Versorgung sowohl mit mineralischen als auch fossilen Rohstoffen für die nächste Zeit als größtenteils gesichert. Die einzige Ausnahme bildet hierbei Erdöl, auf dessen Bedeutung und seine Verfügbarkeit deshalb im Folgenden eingegangen werden soll (BGR 2014a, S. 9; Drobe, Killiches 2014).

2.3 Globale Verfügbarkeit von energetischen Rohstoffen am Beispiel Erdöl

Global betrachtet ist Erdöl noch immer der bedeutendste Energieträger, zumal er einen Anteil von ca. einem Drittel am Primärenergieverbrauch verzeichnen kann. 2013 betrug die weltweite Erdölförderung 4.202 Mio. Tonnen, was zu diesem Zeitpunkt eine neue Rekordhöhe darstellte (BGR 2014a, S. 32). Grundsätzlich wird die Förderung von konventionellen sowie nicht-konventionellen Vorkommen unterschieden. Bei konventionellem Erdöl ist eine klassische Förderung mit direkter Lieferung an die Raffinerie aufgrund seiner geringeren Viskosität möglich. Im Gegensatz dazu benötigt die Förderung von nicht-konventionellem Erdöl (Schwerstöl; gebundenes Öl in Ölschiefern und Ölsand), welche in den letzten Jahren insbesondere durch die Methode des Fracking vorangetrieben wurde, aufwändige technische Verfahren (Brücher 2009, S. 102).

Auch wenn Erdöl der einzige Energierohstoff ist, bei dem eine Verendung der Reserven in näherer Zukunft prognostiziert wird (Andruleit 2014, S. 7), behält die Gesamtmenge der Welterdölreserven wie auch der –Ressourcen momentan noch eine steigende Tendenz, wenn auch geringfügig. So konnte 2013 global eine Ressourcenhöhe von 334 Mrd. Tonnen Erdöl und eine Reservenhöhe von 218,6 Mrd. Tonnen festgehalten werden. Dabei nehmen nicht-konventionelle Lagerstätten, auf die die Steigerung maßgeblich zurückzuführen ist, rund 22% der Gesamtreserven ein (BGR 2014a, S. 32f). Die Verteilung dieses Gesamtpotentials, insbesondere der Erdölreserven, ist dabei weltweit betrachtet sehr ungleich, wie Abbildung 4 zeigt.

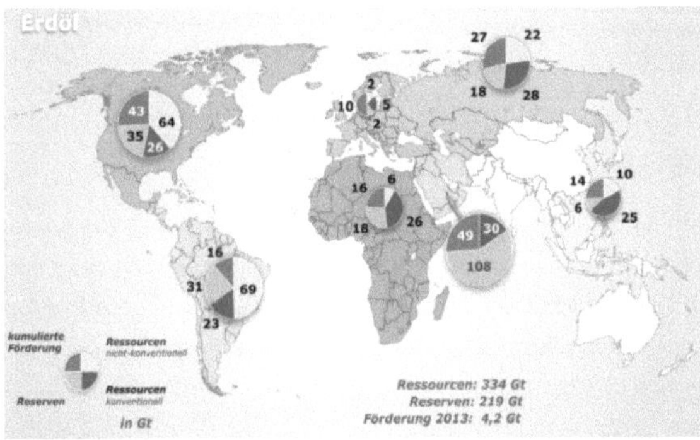

Abbildung 4: Regionale Verteilung des Gesamtpotentials von Erdöl, 2013.
Quelle: BGR 2014a, S. 32.

Werden die nicht-konventionellen Ressourcen miteinbezogen, lagern in Venezuela, gefolgt von Kanada und Russland die meisten Erdölressourcen (Stand 2013; vgl. Tab. 1). Doch die Menge an Ressourcen in einer Nation entscheidet noch nicht automatisch über die tatsächliche Menge der Reserven oder gar Förderung, was ebenfalls in Tabelle 1 deutlich wird. So findet man 54 % der weltweiten Reserven im Nahen Osten und Nordafrika, wobei Saudi-Arabien weiterhin Spitzenreiter ist, sowohl was Reservenreichtum als auch Förderungsmenge angeht (BGR 2014a, S. 33). Während sich die Reserven von konventionellem Erdöl vor allem auf die sogenannte Strategische Ellipse (Gebiet vom Nahen Osten über den Kaspischen Raum bis hoch nach Russland) konzentrieren (BGR 2009, S. 15), können Kanada und Venezuela von großen nicht-konventionelle Vorkommen in ihren Staatsgrenzen profitieren. Die fünf in Tabelle 1 dargestellten wichtigsten Länder in Bezug auf ihre Erdölreserven verfügen über 60 %, das Bündnis der OPEC-Staaten über fast 70 % der weltweiten Reserven. Die Verteilung auf wenige Staaten und wirtschaftspolitische Gruppen birgt dabei großes Konfliktpotential, zumal 80 % der gesamten Erdölreserven von staatlichen Firmen beherrscht werden (BGR 2014a, S. 33).

Tabelle 1: Die wichtigsten Länder (Top 5) nach Erdölressourcen, -reserven und -förderung 2013; Angabe in [Mio. t]

Rang	Ressourcen (gesamt / davon konventionell)	Reserven (gesamt / davon konventionell)	Förderung (gesamt /)
1	Venezuela (65.320 / 3.000)	Saudi-Arabien (35.400 / 35.400)	Saudi-Arabien (523,6 / 12,5)
2	Kanada (56.891 / 3.500)	Kanada (27.299 / 666)	Russland (522,6 / 24,9)
3	Russland (34.801 / 20.000)	Venezuela (26.650 / 5.450)	USA (485,2 / 36,4)
4	USA (24.553 / 15.727)	Iran (21.469 / 21.469)	China (208,1 / 41,4)
5	China (20.724 / 16.200)	Irak (19.621 / 19.621)	Kanada (192,4 / 46,0)
weltweit	333.925 / 161.350	218.573 / 170.474	4202,0

Quelle: eigener Entwurf; nach BGR 2014a, S. 74ff.

Als wichtigste Regionen für die noch immer steigende Förderung sind der Nahe Osten, die GUS-Staaten sowie Nordamerika zu nennen. Insbesondere die USA kann durch vermehrtes Einsetzen der Fracking-Methode ein hohes Förderungswachstum (2013: 12 %) verzeichnen, was in der Zukunft dazu führen könnte, dass sie den neuen Platz der Hauptfördernation einnimmt (BGR 2014a, S. 33).

Die BGR (2014a, S. 33) schätzt, dass inzwischen 44,5 % der ursprünglich vorhandenen Reserven an Erdöl verbraucht sind (Stand 2013) und rechnet mit einem weiteren Anstieg der Produktion bis ca. 2035 unter Einkalkulierung von Reservenzuwachs und der Förderung von nicht-konventionellem Erdöl (vgl. Abb. 5). Lässt man diese außen vor, könnte ein solcher Zeitpunkt des Peak Oils, an dem global die maximale Erdölfördermenge erreicht ist, bereits um 2020 eintreffen.

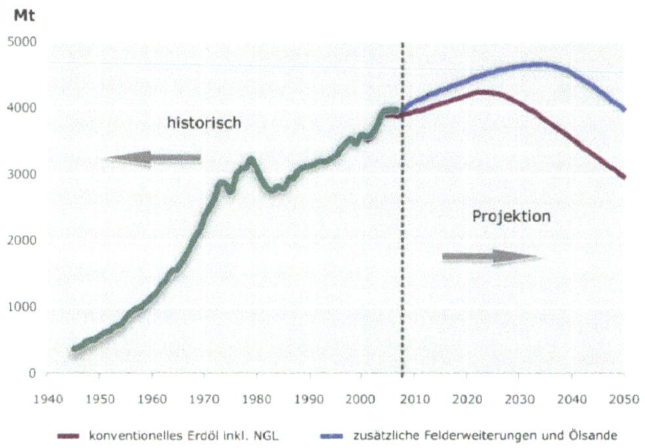

Abbildung 5: Historische Entwicklung der Erdölproduktion und projizierter Produktionsverlauf; Stand: 2009

Quelle: BGR 2009, S. 15.

Es sollte aber bedacht werden, dass Prognosen zur Reichweite von Erdöl vor allem aufgrund des ständigen technischen Fortschritts bezüglich neuen Förderungstechniken kein sicheres Bild der Zukunft liefern.

2.4 Globale Verfügbarkeit von nicht-energetischen Rohstoffen am Beispiel der Seltenen Erden

Im Bereich der nicht-energetischen Rohstoffe zählen die SEE zu den meist begehrtesten natürlichen Ressourcen der Zukunft, da sie insbesondere für die Hochtechnologie eine bedeutende Rolle spielen. Sie werden zu den 14 kritischen Mineralien und Metallen gerechnet, bei denen eine etwaige Verknappung zur Hemmung des technischen Fortschritts und damit des Wirtschaftswachstums der EU führen könnte (Fraedrich 2013a, S. 5f.). Wie eingangs erwähnt, handelt es sich bei den SEE um eine Gruppe von 17 Metallen, die sehr ähnliche chemische Eigenschaften besitzen und nur zusammen in Erzlagerstätten vorkommen, was Grund dafür ist, dass sie stets gemeinsam abgebaut werden (Fraedrich 2013b, S. 42). Unterteilt werden können sie in schwere, mittlere und leichte SEE, wobei den schweren SEE ein größerer wirtschaftlicher Wert zugemessen wird als mittleren bzw. leichten SEE (Kausch et al. 2014, S. 97;102).

Das größte Problem bei der Verfügbarkeit der SEE ist nicht in erster Linie ein Mangel an Reserven selbst, sondern die Fokussierung der weltweiten Produktion auf einige wenige

Länder, was durch Abbildung 6 und Tabelle 2 verdeutlicht werden soll. So konzentrierte sich 2011 die gesamte Förderung mit einem Anteil von 95,11 % auf die Volksrepublik China, was zwangsläufig eine große Abhängigkeit der anderen Konsumenten von diesem Exporteur hervorruft.

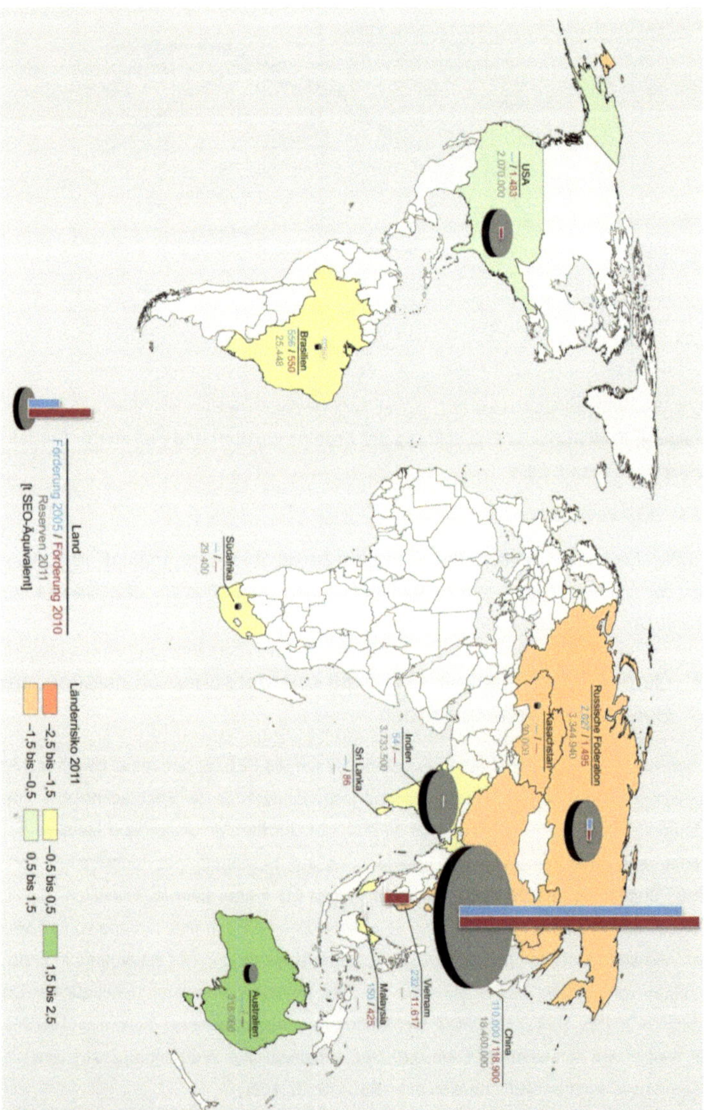

Abbildung 6: Länder mit den größten SEE-Reserven sowie größte Förderländer, 2011.

Quelle: BGR 2014b, S. 3.

Das Risiko für den Weltmarkt der SEE wird durch einen negativen Wert (-0,59 im Jahr 2011) des Länderrisikos der Volksrepublik China zusätzlich verstärkt. Dabei handelt es sich um einen von der Weltbank ermittelten Index, der der Bewertung der Regierungsführung zahlreicher Staaten dient, wobei – 2,5 der theoretisch schlechtesten Regierungsführung und + 2,5 der theoretisch besten Regierungsführung entspricht (BGR 2014b, S. 7). Hinzukommt, dass China einen Großteil der abgebauten Reserven inzwischen für die inländische Produktion beansprucht und nicht zum Export zur Verfügung stellt. Im Jahr 2012 konsumierte die Volksrepublik etwa 69 % des weltweiten Bedarfs und stand damit weit vor Japan/Süd-Ost-Asien sowie den USA mit einem Marktanteil von insgesamt 16 % (SO-Asien) bzw. 10 % (USA) (Kausch et al. 2014, S. 100f). Es ist also unumgänglich für die restliche Welt, in diesem Punkt eine Unabhängigkeit von China anzustreben, weshalb der Abbau von SEE in großen Bergwerken außerhalb Chinas, z.B. in Australien (Mount Welt) und den USA (Mountain Pass), stark vorangetrieben wird. Dadurch soll schon in naher Zukunft 90 % des weltweiten Bedarfs an leichten SEE durch Förderung von Reserven außerhalb Chinas gedeckt werden (Kausch et al. 2014, S. 98).

Tatsächlich verfügen neben den in Abbildung 6 angezeigten Staaten auch Kanada, die Mongolei, Afghanistan, Schweden und Malawi über SEE-Reserven (Fraedrich 2013b, S. 42), auch wenn zwei Drittel (66 %; Stand 2011) dennoch in China zu finden sind (vgl. Tab. 2). Weltweit betrugen diese 2011 27.922.000 t SEO-Inhalt (Seltener-Erdoxid-Inhalt in Tonnen) (BGR 2014b, S. 2).

Tabelle 2: Die wichtigsten Länder (Top 3) nach Anteilen an weltweiten SEE-Ressourcen, -Reserven und –Förderung; 2011.

Rang	Ressourcen	Reserven	Weltweite Raffinade-produktion
1	Russische Föderation (58 %)	China (66 %)	China (95,11 %)
2	China (21 %)	Indien (13 %)	USA (3,45 %)
3	Kanada (8 %)	Russische Föderation (12 %)	Russische Föderation (1,42 %)
weltweit	308.137.000 t SEO-Inhalt	27.922.000 t SEO-Inhalt	101.900 t SEO-Inhalt

Quelle: eigener Entwurf; nach BGR 2014b, S. 2.

Kingsnorth schätzte 2014, dass eine Versorgung rein theoretisch für weitere 200 Jahre möglich sei, sofern Verfügbarkeit und Abbau mit den aktuellen Werten vergleichbar blieben (Kausch et al. 2014, S. 101f). Hierbei ist allerdings zu beachten, dass dies bei weitem nicht für alle Elemente der SEE gilt. Die Gruppe der schweren SEE erweist sich als weitaus weniger häufig als die der leichten SEE, sodass ihre Verfügbarkeit 2014 von Behörden in China, wo diese zum allergrößten Teil lagern, als auf die folgenden 12 Jahre begrenzt eingestuft wird. Das ist der Grund dafür, dass diese Ressourcen der staatlichen Kontrolle Chinas unterliegen (Kausch et al. 2014, S. 100.104).

Es zeigt sich also, dass zur Problematik der Rohstoffverknappung aufgrund verstärkter Nutzung erschöpflicher Rohstoffe auch eine politisch-ökonomische Dimension hinzukommt, die in politischen Konflikten oder Kriegen münden kann. Dieser Aspekt soll nun im folgenden Abschnitt ausführlicher behandelt werden.

2.5 Ressourcenknappheit und Ressourcenfluch: Rohstoffe als Ursache für Kriege und Konflikte

Sogenannte Rohstoffkonflikte sind keineswegs ein neues Phänomen, wie der „Salpeter-Krieg" im 19. Jahrhundert zeigte, bei dem die Nitrat- bzw. Salpetervorkommen im heutigen Nordchile im Fokus standen (Fraedrich 2013a, S. 3). Allein während der 90er Jahre starben 5 Mio. Menschen bei Rohstoffkonflikten, die rund ein Viertel der bewaffneten Konflikte in jenem Jahrzehnt ausmachten (Gebhardt et al. 2011, S. 1178).

Die Rolle, die Rohstoffe bei politischen Auseinandersetzungen einnehmen können, ist dabei unterschiedlich. Einerseits kann die Kontrolle von Rohstoffen Anlass für einen gewaltsamen Konflikt sein oder aber lediglich der Finanzierung einer Konfliktpartei und ihren Kriegshandlungen dienen. Letzteres kann aktuell beim sogenannten ‚Islamischen Staat' beobachtet werden, der durch Öl- und Gasverkauf über große finanzielle Mittel verfügt, mit denen er Waffen und Kämpfer bezahlt. In beiden Fällen wird von einem Rohstoffkonflikt gesprochen. Rohstoffe wiederum werden dann als Konfliktrohstoffe bezeichnet, wenn ihre Ausbeutung bzw. ihr Handel im Kontext eines Konfliktes bei schweren Verletzungen der Menschenrechte, des humanitären Völkerrechts oder bei völkerrechtlichen Straftaten mitwirkt, dazu führt oder einen Vorteil daraus zieht (Bundeszentrale für politische Bildung/bpb 2011b).

Insgesamt fällt auf, dass nicht nur Ressourcenknappheit, sondern auch Ressourcenüberfluss die Ursache für Konflikte in den jeweiligen Staaten darstellen kann. Gebhardt führt hier den Begriff des Ressourcenfluchs an, den er als *„Phänomen, bei dem Länder mit niedrigem oder mittlerem Entwicklungsniveau nicht von ihrem Ressourcenreichtum profitieren und sogar weniger Wachstum aufweisen als Länder mit geringem Ressourcenreichtum"*, definiert (Gebhardt 2013, S. 8). Dafür gibt es unterschiedliche Gründe. Neben nationalen Verteilungskonflikten, bei dem die Bereicherung einer kleinen Elite zum Unmut und ggf. Aufstand der breiten Bevölkerung führt, können auch lokale Konflikte aufgrund von groben Veränderungen der Lebensumwelt sowie Umsiedlungen wegen des Rohstoffabbaus Ursachen für innerstaatliche Konflikte sein (Bundeszentrale für politische Bildung/bpb 2011b). Eine Grafik der Bundeszentrale für politische Bildung zeigt, dass sich im Jahr 2013 von 179 Ländern, die über Konfliktrohstoffe verfügen, 68 in einem Konflikt befanden, acht davon im Krieg (vgl. Abb. 7).

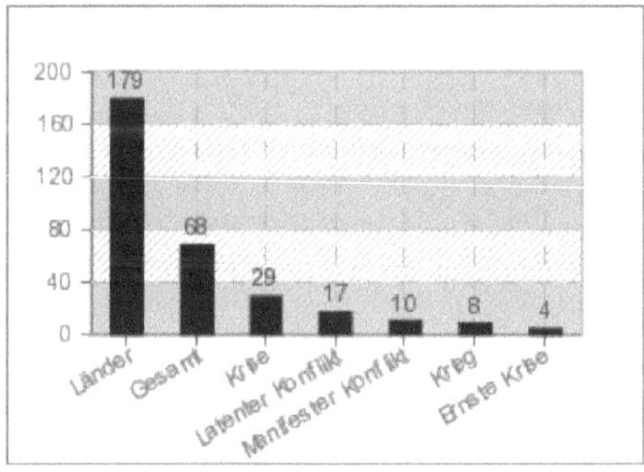

Abbildung 7: Übersicht über Länder mit Konfliktrohstoffen sowie derjenigen Länder mit Konfliktrohstoffen, die sich 2013 in einem Konflikt befanden.

Quelle: Bundeszentrale für politische Bildung/bpb 2011a.

Zentrale Rohstoffkonflikte der Zukunft werden sich Gebhardt zufolge vor allem um fossile Energien wie z.B. Erdöl, um Wasser sowie große Wälder der Erde drehen (Gebhardt, Zeese 2011, S. 1179). Eine besondere Art eines solchen Rohstoffkonflikts bahnt sich bereits um die ressourcenreiche Arktis an, in der 13 % der unentdeckten Erdölvorkommen vermutet werden (Gebhardt 2013, S. 7).

3 Zusammenfassung

Angesichts der vorliegenden Untersuchungen kann man Glaser und Gebhardt sicher zustimmen, wenn sie den globalen Rohstoffmangel neben dem Klimawandel und der Globalisierung als dritte große Herausforderung des 21. Jahrhunderts ansehen (Gebhardt et al. 2011, S. 1171). Auch wenn für den Großteil der endlichen Rohstoffe noch eine Versorgung für die nächste Zukunft als gesichert gilt, so ist sie gerade bei „Schlüssel-Rohstoffen" wie Erdöl und den Seltenen Erden begrenzt. Auch wenn die Erdöl-Förderung wie auch die Reserven momentan vor allem durch nicht-konventionelle Vorkommen noch eine steigende Tendenz hat, wird der Moment der maximalen Förderungsmenge bereits in naher Zukunft erwartet. Auch bei der Versorgung mit SEE muss mit Engpässen gerechnet werden, die vor allem durch die Vormachstellung Chinas im Weltmarkt der SEE begründet sind. Die Folge aus der ungleichen Verteilung und begrenzten Verfügbarkeit von Rohstoffen sind daher nicht nur weltweite Handelsströme, sondern auch eine Vielzahl geopolitische Konflikte um die wertvollen Ressourcen.

Literaturverzeichnis

Andruleit, H. (2014): Verfügbarkeit fossiler Energierohstoffe im 21. Jahrhundert. In: Geographie aktuell & Schule, 207 (36), S. 3–7.

BGR [Hrsg.] (2009): Energierohstoffe 2009. Reserven, Ressourcen, Verfügbarkeit. Hannover.

BGR [Hrsg.] (2014a): Energiestudie 2014. Reserven, Ressourcen und Verfügbarkeit von Energierohstoffen. Hannover.

BGR [Hrsg.] (2014b): Seltene Erden. Rohstoffwirtschaftliche Steckbriefe. Hannover.

Brücher, W. (2009): Energiegeographie. Wechselwirkungen zwischen Ressourcen, Raum und Politik. Berlin.

Bundeszentrale für politische Bildung/bpb [Hrsg.] (2011a): Länder mit Konfliktrohstoffen - Ländergesamtzahl und Länder in Konflikten. Infografik. Bonn.
http://sicherheitspolitik.bpb.de/rohstoffe-und-
konflikte?zoom=0&lat=15&lon=0&layers=BFFFFFFTFFFFFFFFFFFFFFFFFTTT
(07.12.2015).

Bundeszentrale für politische Bildung/bpb [Hrsg.] (2011b): Natürliche Rohstoffe - Finanzierungsquelle und Anlass für Konflikte. Hintergrundtext. Bonn.
http://sicherheitspolitik.bpb.de/rohstoffe-und-konflikte/hintergrundtexte-m4/natuerliche-rohstoffe-finanzierungsquelle-und-anlasskfuer-konflikte (07.12.2015).

Dombrowski, A. (2015): Lernzirkel Fossile Rohstoffe. Handlungsorientierter Chemieunterricht an Stationen [Sekundarstufe I]. Donauwörth.

Drobe, M., Killiches, F. (2014): Vorkommen und Produktion mineralischer Rohstoffe - Ein Ländervergleich. Rohstoffwirtschaftliche Einordnung aller Länder nach Reserven, Ressourcen, Bergbauproduktion und Raffinadeproduktion im weltweiten Vergleich, in Bezug auf die Bedeutung für Deutschland und für die jeweilige nationale Wirtschaft. Hannover.

Fraedrich, W. (2013a): Rohstoffe. Probleme, Trends und vorsichtige Prognosen. In: geographie heute, 313 (34), S. 2–9.

Fraedrich, W. (2013b): Seltene Erden. Einst unbeachtet, heute und in Zukunft unverzichtbar. In: geographie heute, 313 (34), S. 42–47.

Gebhardt, H. (2013): Ressourcenkonflikte und nachhaltige Entwicklung - Perspektiven im 21. Jahrhundert. In: Mitteilungen der Fränkischen Geographischen Gesellschaft, 59, S. 1–12.

Gebhardt, H., Glaser R., Radtke U., Reuber P. [Hrsg.] (2011): Geographie. Physische Geographie und Human-geographie. 2. Aufl., Heidelberg.

Haggett, P., Geipel, R.; Kinder, S. (2004): Geographie. Eine globale Synthese. 65 Tabellen. 3. Aufl., Stuttgart.

Kausch, P., Becker, B. [Hrsg.] (2014): Strategische Rohstoffe - Risikovorsorge. Berlin.

Leser, H. [Hrsg.] (2011): Diercke Wörterbuch Geographie. Raum - Wirtschaft und Gesellschaft - Umwelt. 15., völlig überarb. Aufl. Braunschweig.